Viktoria Kredel

Die Taphrogenese des Oberrheingrabens

GRIN Verlag

Bibliografische Information der Deutschen Nationalbibliothek:

Die Deutsche Bibliothek verzeichnet diese Publikation in der Deutschen National-
bibliografie; detaillierte bibliografische Daten sind im Internet über http://dnb.d-
nb.de/ abrufbar.

Impressum:

Copyright © 2011 GRIN Verlag GmbH
Druck und Bindung: Books on Demand GmbH, Norderstedt Germany
ISBN: 978-3-640-83708-3

Dieses Buch bei GRIN:

http://www.grin.com/de/e-book/167242/die-taphrogenese-des-oberrheingrabens

FRIEDRICH-ALEXANDER-UNIVERSITÄT ERLANGEN-NÜRNBERG

Die Taphrogenese des Oberrheingrabens

WS 2010/2011

Proseminar: Geomorphologie

Name: Viktoria Kredel (LARS Germanistik, Geographie)

Inhaltsverzeichnis

Inhaltsverzeichnis I

Abbildungsverzeichnis II

1. Einleitung 1

2. Verortung des Oberrheingrabens 2

3. Theoretische Grundlagen 5

    3.1 Was ist ein Graben? 5

    3.2 Der „Motor" der Grabenentstehung 6

    3.3 (A)symmetrische Grabenbrüche 9

4. Die Entstehung des Oberrheingrabens 11

    4.1 Modellvorstellungen nach PFLUG (1982) 11

    4.2 Abriss der Entwicklung des Oberrheingrabens 13

    4.3 Tektonisches Spannungsfeld 17

5. Fazit 18

Literaturverzeichnis III

Erklärung IV

Abbildungsverzeichnis

Abb. 1: Klimadiagramm von Frankfurt 1

Abb. 2: Klimadiagramm von Basel 1

Abb. 3 : Lage des Oberrheingrabens in Deutschland 3

Abb. 4 : Das europäische Grabenbruch - System 4

Abb. 5: Blockbild eines Grabenbruchs 5

Abb. 6: Aktiver Grabenbruch 7

Abb. 7: Passiver Grabenbruch 8

Abb. 8: Symmetrischer Grabenbruch 9

Abb. 9: Asymmetrischer Grabenbruch 10

Abb. 10: Kurzabriss der Entwicklung des Oberrheingrabens 13

Abb. 11: Kurzabriss der Entwicklung des Oberrheingrabens im Bereich des Kaiserstuhls 14

Abb. 12: Sedimentmächtigkeiten im Grabenverlauf 15

Abb. 13: Hauptdruckspannungsfeld 17

1. Einleitung

Die Oberrheinische Tiefebene und ihr Randgebiet ist einer der geomorphologisch eindrucks-vollsten Naturräume Deutschlands.

Die klimatischen Bedingungen sind hier im Vergleich zur Umgebung und Restdeutschland sehr warm.

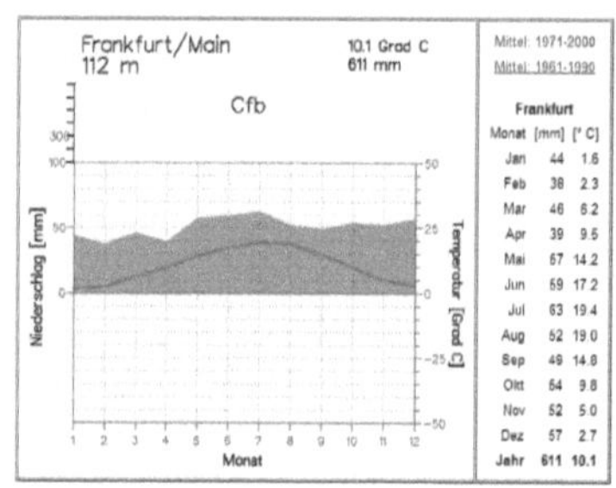

Abb. 1: Klimadiagramm von Frankfurt

Quelle:

http://www.klimadiagramme.de/Deutschland/frankfurt.html

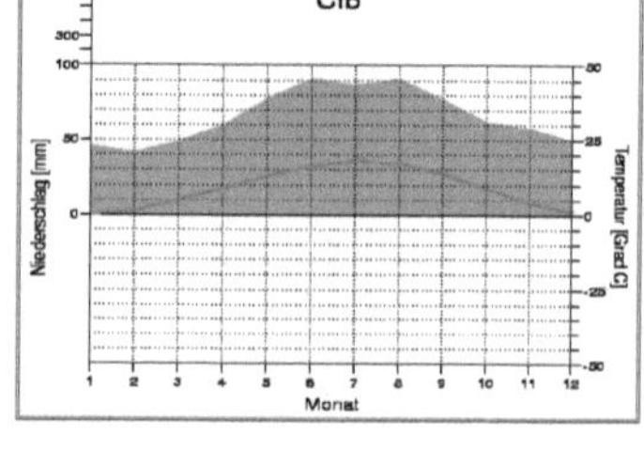

Abb. 2: Klimadiagramm von Basel

Quelle:

http://www.klimadiagramme.de/Europa/Schweiz/basel.html

Wie man in Abb. 1 & 2 [1] sehen kann, herrschen im Bereich des Oberrheingrabens sehr güns-tige klimatische Bedingungen vor, mit milden Wintern (über 0°C) und warmen Sommern. Die Jahresdurchschnittstemperatur beträgt in Frankfurt im Schnitt 10,1°C. Dies führt dazu, dass hier Sonderkulturen, wie z.B. Weinreben, sehr gut gedeihen können.

Folgende Arbeit soll sich aber nicht mit der naturräumlichen Vielfalt des Oberrheingrabens oder dessen Klima beschäftigen, sondern damit wie dieser beeindruckende Naturraum entstanden ist.

Zu Beginn wird der Oberrheingraben in Deutschland und Europa verortet.

---

[1] Beide Orte liegen im Bereich des Oberrheingrabens, s. Kap. 2

Im nächsten Kapitel werden die theoretischen Grundlagen zur Entstehung von Gräben und Grabensystemen aufgezeigt, um ein Fundament für die in Kapitel 4 folgenden Modellvorstellungen zur Entstehung des Grabens zu schaffen. Im Anschluss daran soll eine kurze Übersicht gezeigt werden, wie sich der Oberrheingraben im Laufe der jüngeren Erdgeschichte konkret entwickelt hat und das diese Entwicklung in Teilen des Grabens nicht identisch von statten gegangen ist.

Zuletzt soll ein abschließendes Fazit erfolgen, dass versucht die Arbeit zusammenzufassen und die einzelnen Kapitel in einen gemeinsamen größeren Zusammenhang zu bringen.

2. Verortung des Oberrheingrabens

Der Oberrheingraben, ca. 300 km lang und durchschnittlich in etwa 35-40 km breit, ist ein, vorwiegend NNE-SSW rheinisch streichender[2], tektonischer Einbruch, der sich vom Südrand des Taunus bei Frankfurt, bis hin zum Schweizer Jura bei Basel erstreckt (Abb. 3) (ROTHE 2006; SCHWARZ 2005).

Der Oberrheingraben erscheint geomorphologisch als eine breite Tiefebene, die von jeder Seite von scharf begrenzenden Bergen umgeben wird(Abb. 3). Diese Tiefebene ähnelt einer riesigen „Wanne", die der Rhein in ihrer vollen Länge durchfließt, weshalb er in diesem Flussabschnitt auch Oberrhein genannt wird. Der Rhein schneidet im Norden das tiefe Mittelrheintal in das Rheinische Schiefergebirge; dies ist die einzige Abflussmöglichkeit, welche verhindert, dass der Oberrheingraben voll Wasser laufen und somit ein riesiger See entstehen würde (RÖHR 2010).

---

[2] Rheinisch = in Richtung des Rheins ; Streichend = die kartographische Längserstreckung einer Gesteinseinheit (ZEPP 2003)

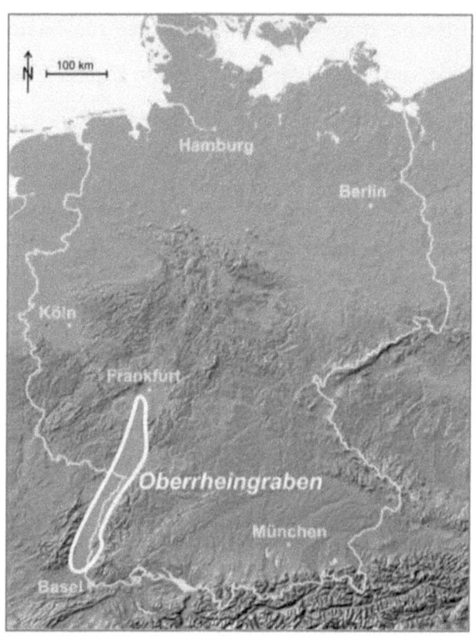

Abb. 3 : Lage des Oberrheingrabens in Deutschland

Quelle: RÖHR 2010

Der Oberrheingraben bildet ein Teilstück einer, von der Nordsee bis zum Mittelmeer reichenden, überregionalen Bruchzone. Neben dem Oberrheingraben gehören dazu sowohl die Niederrheinische Bucht, die Hessische Senke, der Eger-, der Bresse - und der Limagnegraben, als auch einige kleinerer Gräben (Abb. 4). Die Gräben des Europäisch Känozoischen Grabensystems[3] befinden sich im Bereich des alten, kristallinen Grundgebirges, dem variszischen Faltengebirge, welches im Rahmen der Entstehung des Superkontinents Pangäa im Unterkarbon zusammengeschoben wurde. Dieses Grabensystem ist in etwa zur gleichen Zeit, in etwa im Untereozän vor ca. 55 Millionen Jahren, wie die jungen Faltengebirge der Alpen und Pyrenäen entstanden.

---

[3] Im Folgenden „EKG" genannt

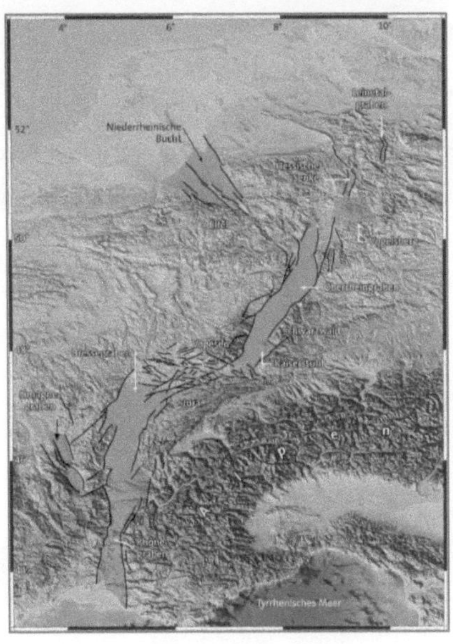

Abb. 4 : Das europäische Grabenbruch - System

Quelle: FRISCH & MESCHEDE 2007

Die Abbildung 4 zeigt auch deutlich, dass das EKG im Vorland der Alpen liegt und die, sich in SO-Frankreich befindlichen Gräben, sogar parallel zur Deformationsfront der Alpen verlaufen. Die Gräben, welche oft mehrere tausend Meter tief abgesunken waren, wurden mit der Zeit durch aus der Umgebung stammende Sedimente aufgefüllt (FRISCH & MESCHEDE 2007; RÖHR 2010).

„Neben den Gräben gehören zusätzlich auch eine Reihe von großen Störungen" zum EKG, welche Europa oft über jeweils mehrere hundert Kilometer Länge durchziehen und entlang welcher sich bis heute Gesteine der Erdkruste gegeneinander verschieben. Beispielsweise kann man anhand Abb. 4 erkennen, dass das Nordende des Bresse-Graben über ein transformes Störungssystem mit dem Südende des Oberrheingrabens verbunden ist (RÖHR 2010).

3. Theoretische Grundlagen

3.1 Was ist ein Graben?

Ein Graben oder Grabensystem ist eine schmale langgestreckte Bruchstruktur, in der eine keilförmige Vollform gegenüber ihren Flanken anhand von Abschiebungen[4] eingesunken ist. (Abb. 5)

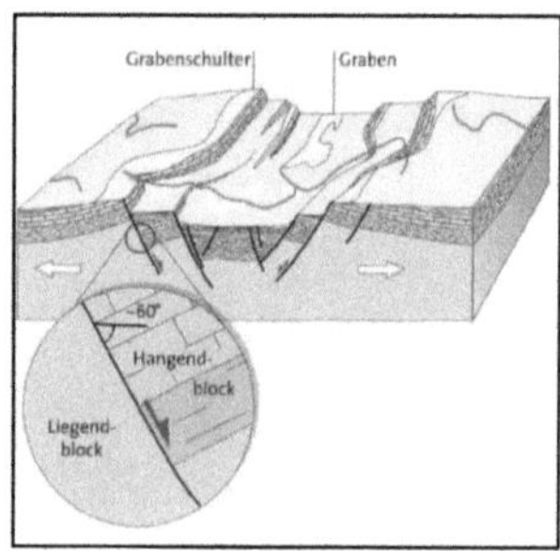

Abb. 5: Blockbild eines Grabenbruchs

Quelle: FRISCH & MESCHEDE 2007

Dies geschieht dadurch, dass die Erdkruste gedehnt und ausgedünnt wird und dabei in einzelne Bruchschollen zerbricht, was schließlich auch an der Oberfläche zu sehen ist. Dieser Vorgang der Entstehung von Großgräben oder Großgrabensystemen wird auch als Taphrogenese bezeichnet (PFLUG 1982).

Diese verläuft in der Regel in vier Phasen (nach RÖHR 2010):

- In der ersten Phase durchqueren die aus der Grabenbildung resultierenden Dehnungsrisse nur die oberen Teile der Erdkruste und es herrscht wenig bis gar kein Vulkanismus vor. Beispiele für diese Phase wären der Oberrheingraben, der Jordangraben, das Rio-Grande-Rift in den USA und das Baikalsee-Rift in Russland.

---

[4] Abschiebungen = Verwerfungen die nach unten hin geschoben werden (AHNERT 2009)

- Im weiteren Verlauf der Grabenbildung, der zweiten Phase, tritt ein beträchtlicher Vulkanismus auf. Er wandert vom Rand in die Mitte der Gräben. Deutlichstes Beispiel ist das Ostafrikanische Grabensystem mit der äthiopischen Afar-Senke. Teilweise ist in dieser Phase sogar schon ozeanische Kruste entwickelt (Danakil-Senke in Äthiopien).
- Im dritten Stadium wandern die Flanken des Grabens immer weiter auseinander (200 - 300 km). Im Grabenbruch dazwischen ist nur noch ozeanische Kruste vorhanden. Das typischste Beispiel für diese Phase ist das Rote Meer.
- Im Vierten und letzten Stadium der Grabenbildung entsteht, bedingt durch das Auseinanderdriften der Grabenflanken, ein neuer Ozean. Am mittelozeanischen Rücken in der Mitte wird die neue ozeanische Kruste erzeugt. Ein Beispiel dafür ist der Atlantische Ozean, der die beiden Amerikas im Westen von Europa und Afrika im Osten trennt.

Eine Grabenbildung kann also bis hin zur Spaltung eines Kontinents und der Entstehung eines neuen Ozeans fortschreiten. Sie kann aber auch jederzeit aufhören, wenn der notwendige Antrieb aus dem Erdinneren stehen bleibt. Doch wie genau funktioniert dieser Antrieb? Im nächsten Kapitel werden kurz zwei Möglichkeiten dazu skizziert.

3.2 Der „Motor" der Grabenentstehung

Bei der Entstehung von Gräben sind gewisse Voraussetzungen im Erdinneren vonnöten. Die Wissenschaft der Plattentektonik liefert klassischerweise zwei mögliche Varianten. Zum einen die aktive Grabenbildung[5] und zum anderen die passive Grabenbildung[6] (EISENBACHER 1991; FRISCH & MESCHEDE 2007).

Bei der aktiven Ausbildung eines Grabens findet eine Aufwölbung der Asthenosphäre (z.B. über einem Hot Spot) statt. Die ersten Dehnungsstrukturen in der Lithosphäre machen sich

---

[5] aktive Grabenbildung = active rifting (EISENBACHER 1991)

[6] passive Grabenbildung = passive rifting (EISENBACHER 1991)

sichtbar in Form von Abschiebungen in der Oberkruste und Grabenbildung an der Oberfläche bemerkbar. Wenn die Kruste generell unter Zugspannung steht, wird sich der Graben senkrecht (oder auch schräg, wenn die Bruchzone vorgegebenen Schwächestrukturen in der Kruste folgt) auf die Hauptzugspannungsrichtung ausbilden und in der Folge weiter öffnen (FRISCH & MESCHEDE 2007).

Wie auch Abb. 4 zeigt, erfolgt die Dehnung der Kruste in deren tiefen, duktilen[7] Teil und in der Lithosphäre über einen wesentlich breiteren Bereich, als in der spröden kontinentalen Kruste.

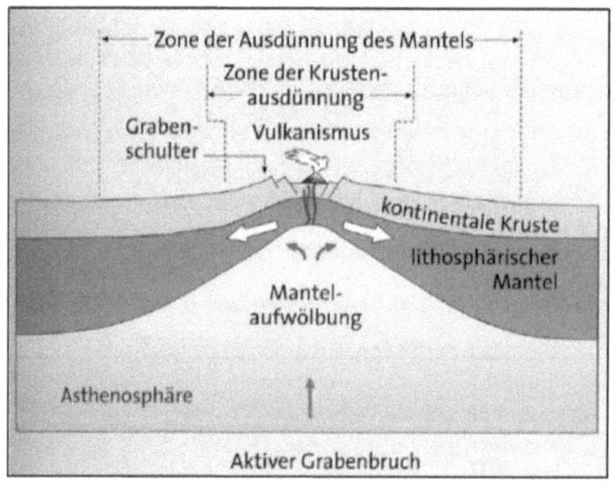

Abb. 6: Aktiver Grabenbruch

Quelle: FRISCH & MESCHEDE 2007

Beim Verlauf einer passiven Grabenausbildung ist dagegen die Zerrung der primäre Faktor: Daraus resultiert, dass die Dehnung auch in der tieferen Kruste und der Lithosphäre auf die schmale Grabenzone begrenzt ist (Abb. 5). Es kann aber auch passieren, dass die Zerrung bis zum Durchreißen der Lithosphäre führt, in deren Folge das geschmolzene Gestein der Asthenosphäre bis an die Untergrenze der Kruste aufdringen und dort ein Mantelkissen bilden kann, welches die Kruste aufwölbt. Dadurch, dass die Aufdomung durch den Diapir im li-

---

[7] duktil = plastisch verformbar (AHNERT 2009)

thosphärischen Mantel dann auch nur auf die schmale Grabenzone begrenzt ist, findet die oberflächliche Aufwölbung auch nur dort statt (FRISCH & MESCHEDE 2007).

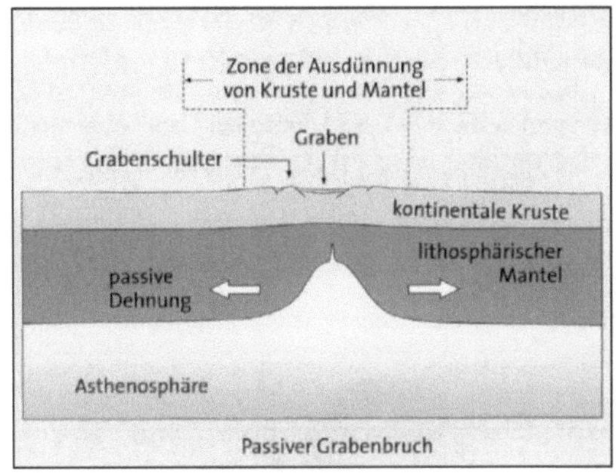

Abb. 7: Passiver Grabenbruch

Quelle: FRISCH & MESCHEDE 2007

Jedoch kann die Zerrung der Lithosphäre auch hier zu einer viel breiteren Aufdomung der Asthenosphäre und der darüber liegenden Lithosphäre führen, wie es beim „active rifting" der Fall ist. In der Folge kann so aus einem passiven Rift ein aktives Rift werden. Wenn dies passiert, ist es für die Wissenschaft sehr schwer nachzuweisen, ob auch der Vorgang des „passive rifting" stattgefunden hatte. In vielen Fällen finden auch beide Prozesse miteinander statt und greifen dabei auch ineinander, zum einen das „active rifting" mit der zugehörigen Aufdomung zum anderen das „passive rifting" mit der Krustenzerrung. Damit ist der ursächliche „Motor der Grabenenstehung" oft kaum noch zu erkennen, wie das auch beim Oberrheingraben der Fall ist (EISENBACHER 1991; FRISCH & MESCHEDE 2007).

Grundsätzlich kann man aber sagen, dass Gräben mit aktiver Entstehung oft einen sehr stark ausgeprägten Magmatismus und breite Grabenschultern besitzen, während diese bei der passiven Entstehung meist weniger ausgreifen und auch die vulkanische Aktivität weniger heftig ausfällt (FRISCH & MESCHEDE 2007).

3.3 (A)symmetrische Grabenbrüche

Um die Taphrogenese eines Bruches nachvollziehen zu können, muss man nicht nur den Entstehungsmechanismus, also das „Warum" betrachten, sondern auch „Wie" sich der Graben ausbildet. Hierbei gibt es wieder zwei Möglichkeiten: zum einen symmetrische zum anderen asymmetrische Grabenbrüche.

Bildet sich ein Graben symmetrisch aus, wird auch die Kruste symmetrisch gezerrt. Dies bedeutet, dass sowohl die Ausdehnung des Grabens in der kontinentalen Kruste[8], bruchhaft in Form von Abschiebungen als auch in der Tiefe, hier duktil und bruchlos, sowie die Aufwölbung der Grabenschultern auf beiden Seiten relativ einheitlich verläuft, wie man auch in Abb. 6 anhand der blauen Pfeile gut erkennen kann (FRISCH & MESCHEDE 2007).

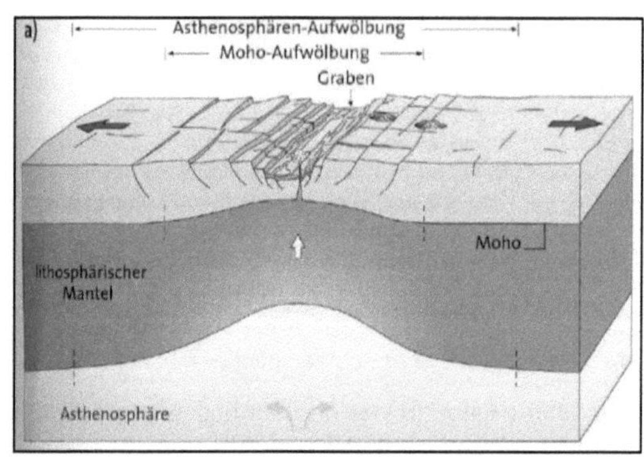

Abb. 8: Symmetrischer Grabenbruch

Quelle: FRISCH & MESCHEDE 2007

Aufgrund der Dehnung / Zerrung im Erdinneren werden sowohl Kruste als auch Lithosphäre entsprechend ausgedünnt. Dazu ein rechnerisches Beispiel: Würde man einen 30 km breiten und 30 km dicken Abschnitt der Erdkruste um ca. 5 km dehnen, dann wäre die gedehnte Kruste im Schnitt nur noch 27,5 km dick (FRISCH & MESCHEDE 2007).

---

[8] Kruste = oberste 10 bis 15 km

Im Gegenzug dazu kann sich ein Graben aber auch asymmetrisch entwickeln. In diesem Falle herrscht „anstelle steiler Störungen eher [eine] flach abfallende Abscherungsfläche vor, die die Kruste von einer Grabenflanke bis an die Lithosphärenbasis durchschneidet." Im oberen Krustenabschnitt dagegen sind steil stehende Abschiebungen vorhanden. Bei der asymmetrischen Grabenentstehung wird die kontinentale Kruste an anderer Stelle gedehnt als der lithosphärische Mantel. Im Bereich der Ausdünnung der Oberkruste kommt es zu einer Absenkung der Oberfläche, weil die leichtere Kruste durch den schwereren Mantel verdrängt wird. Hingegen wölbt sich dort, wo die Lithosphäre ausgedehnt wurde, die Oberfläche leicht auf, da die Asthenosphäre die Lithosphäre ersetzt. Letztendlich überlappen sich beide Zonen (vgl. Abb. 9) (FRISCH & MESCHEDE 2007).

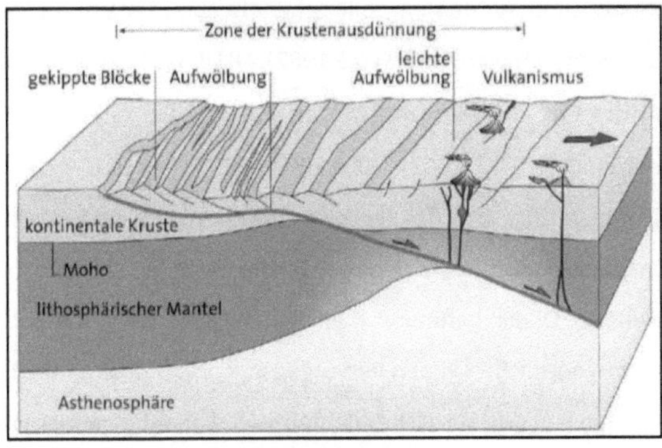

Abb. 9: Asymmetrischer Grabenbruch

Quelle: FRISCH & MESCHEDE 2007

Nachdem in diesem Kapitel ein Überblick der Theorie zur Taphrogenese gegeben wurde, soll im nächsten Kapitel eine Übersicht gezeigt werden, was genau die Ursache der Entstehung des Oberrheingrabens gewesen sein könnte und wie seine Gesamtentwicklung in der jüngeren Erdgeschichte im Groben und im Konkreten verlaufen ist.

4. Die Entstehung des Oberrheingrabens

4.1 Modellvorstellungen nach PFLUG (1982)

Als erstes sollen die Modellvorstellungen, die PFLUG in seiner Arbeit „Bau und Entwicklung des Oberrheingrabens" erläutert, kurz skizziert werden, um aufzeigen zu können, wie theoretisch die Erklärungen für die Entstehung des Oberrheingrabens sind.

Pflug stellt drei zu seiner Zeit bereits bestehende Modellvorstellungen dar: Die Theorie der „Aufdomung", der „alten Anlage" und der „alpinen Orogenese".

- **„Aufdomung"** (➔ Aufdomung und Einbruch des Grabens im Scheitel des Gewölbes gesteuert durch Prozesse im Erdmantel)

  „Die Hypothese einer Aufdomung mit Scheitelgraben ist am konsequentesten von CLOOS (I939) vertreten worden (PFLUG 1982)." ILLIES (1972) sieht den Oberrheingraben als Teil des EKG, „ dessen Abschnitte durch [...]sogenannte Mantelkissen, gekennzeichnet sind (PFLUG 1982)." BURKE &. DEWEY vermuteten 1973 unter dem nördlichen Ende des Grabens das Zentrum einer Aufwölbung durch ein Mantelkissen. Weiterhin muss sich, laut Aussage dieser beiden Autoren, im südlichen Teil des Grabens ein weiterer Diapir befunden haben. Der Oberrheingraben soll dann aus der Verbindung zum nördlichen Kissen hervorgegangen sein (PFLUG 1982).
  Jedoch kann man v.a. das nördliche Mantelkissen kaum beweisen, was diese Theorie als „Startmotor" zum Teil ausschließt.

- **„Alte Anlage"** (➔ alte Schwächezone, die das spätere Geschehen gesteuert hat)

  ILLIES ging 1962 noch davon aus, dass es schon während der variszischen Orogenese im Bereich des heutigen Grabens eine Störungszone gegeben hat, die im Alttertiär, als die Spannungen nachließen, zum Beginn der Bildung des Oberrheingrabens geführt haben muss (PFLUG 1982)

Aus aktuellerer Sicht kann man jedoch sagen, dass diese Theorie kaum stimmen kann und die Ursachen der Grabenbildung im Mantel liegen müssen. Trotzdem werden zweifellos

> „vorhandene Schwächezonen bevorzugt genutzt, wenn sie mehr oder weniger parallel zu Scher- und Reißflächen des Beanspruchungsplans liegen, der die Grabeneinsenkung steuert (ILLIES & BAUMANN 1982 nach PFLUG 1982)."

* **„Alpine Orogenese"** (➔ Grabenbildung als Reaktion des stabilen Hinterlandes auf die alpine Gebirgsbildung.)

> "Deutlich zeichnen sich zwei Hauptphasen in der Evolution des Rheingrabensystems ab. Eine erste leitete um die Wende Eozän/Oligozän die beschleunigte Grabensenkung ein und eine zweite führte um die Wende Unterpliozän/Oberpliozän zum Wiederaufleben der tektonischen Aktivität nach längerer Ruhepause. Sicherlich ist es kein Zufall, dass jeweils zur gleichen Zeit die Orogenese in den benachbarten Alpen kulminierte (ILLIES 1974a, IN: PFLUG 1982)."

ILLIES vermutet also einen Zusammenhang zwischen Alpenorogenese und Graben- bzw. Diapirgenese. Er behauptet sogar dass die Aufdomung des südlichen Teils des Oberrheingrabens durch das „Zuströmen von Mantelmaterial aus dem Bereich der Plattenkollision in der alpinen Geosynklinale ausgelöst worden sei (PFLUG 1982)."
Den Oberrheingraben als alleinigen Kollisionsgraben zu sehen, wäre laut PFLUG (1982) aber eine unwahre Behauptung.

Wahrscheinlich spielte etwas aus jeder Theorie bei der Bildung und Ausformung des Oberrheingrabens eine Rolle. Jedoch ist es schwer den tatsächlichen „Motor", der den Anfang der Grabenbildung bestimmte, herauszufinden, da es wissenschaftliche Belege für alle Varianten gibt.

Wie der Oberrheingraben sich im Laufe der Jahrmillionen entwickelt hat, kann man dagegen besser nachvollziehen. Um diesen Verlauf soll es sich im nächsten Kapitel drehen.

4.2 Abriss der Entwicklung des Oberrheingrabens

Abbildung 10 zeigt schematisch auf, wie die Ausformung des Oberrheingrabens im Groben stattgefunden hat.

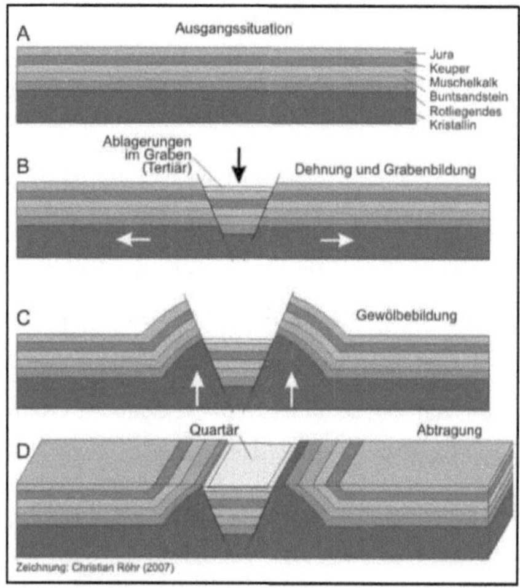

Abb. 10: Kurzabriss der Entwicklung des Oberrheingrabens

Quelle: RÖHR 2010

In der Ausgangssituation waren die mesozoischen Schichten horizontal über dem alten variszischen kristallinen Grundgebirge gelagert. (Abb. 10 A)

Im Eozän erfolgte eine Dehnung der Erdkruste im Bereich des Oberrheingrabens, die die anschließende Grabenbildung hervorrief. Dies geschah an Hand von Brüchen und anschließendem keilförmigen Grabeneinbruch, während gleichzeitig in der dadurch entstandenen Senke tertiäre Sedimentation erfolgte. (Abb. 10 B)

Anschließend bildete sich eine Art Gewölbe heraus, indem parallel zur Sedimentation die Heraushebung der Grabenschultern begann. Dies hatte eine Schrägstellung der, vorher horizontal gelagerten, mesozoischen Schichten zur Folge, wodurch diese nun der Erosion ausgesetzt waren. Dadurch war auch die Basis für die Entstehung des süddeutschen Schichtstufenlandes gegeben. (Abb. 10 C)

Letztendlich wirkt während des gesamten Prozesses die Erosion, welche dafür sorgt, dass die gehobenen Grabenschultern eingeebnet werden. (Abb. 10 D)

Diese Beschreibung ist natürlich eine sehr schematische Reduzierung der komplexen Abläufe während der Entwicklung des Oberrheingrabens.

Abbildung 11 dagegen zeigt ein genaueres Bild der Entstehung des ORG, jedoch nur im südlichen Teil im Bereich des Kaiserstuhls.

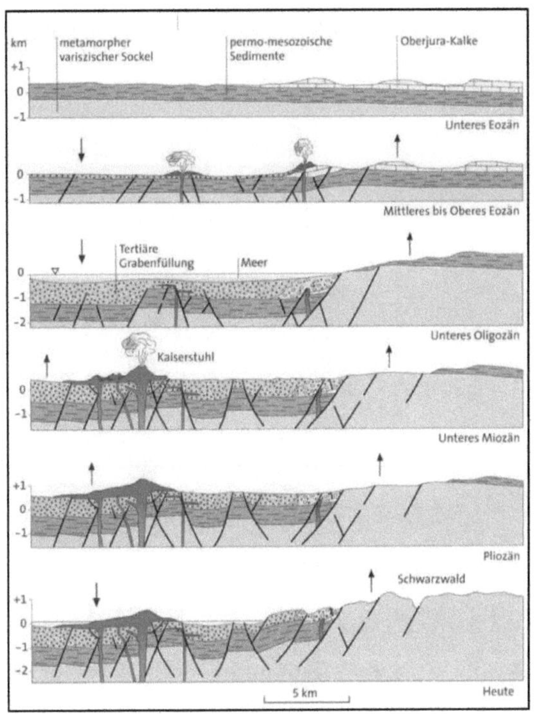

Abb. 11: Kurzabriss der Entwicklung des Oberrheingrabens im Bereich des Kaiserstuhls

Quelle: FRISCH & MESCHEDE 2007

„Der Gesamtverwerfungsbetrag zwischen Grabenfüllung und Grabenflanke beträgt an der östlichen Grabenseite bis zu 4000 Meter, an der westlichen – bedingt durch eine geringere Heraushebung von Vogesen und Pfälzer Wald – bis zu 3000 Meter. Durch eine Blattverschiebung sind die Grabenflanken etwa 4-5 km auseinandergedriftet, wobei sich die Westflanke nach Südwesten, die Ostflanke nach Nordosten bewegt hat. Die komplette Grabenebene ist mit über 3000 Meter mächtigen tertiären und quartären Sedimenten verfüllt (WENDEL 2011; nach ILLIES 1965)."

Abbildung 12 zeigt diese Sedimentablagerungen im gesamten Grabenbereich. Hier kann man sehen, dass die Entwicklung des Oberrheingrabens nicht überall gleich verlaufen sein kann, da die gleichen Sedimentschichten im Süden und Norden unterschiedlich dick sind. Daraus lässt sich eine unterschiedlich starke Ablagerung der Sedimente im Norden und Süden zur selben Zeit schließen. Demnach muss die Grabenbildung in Süden früher begonnen haben, als im Norden.

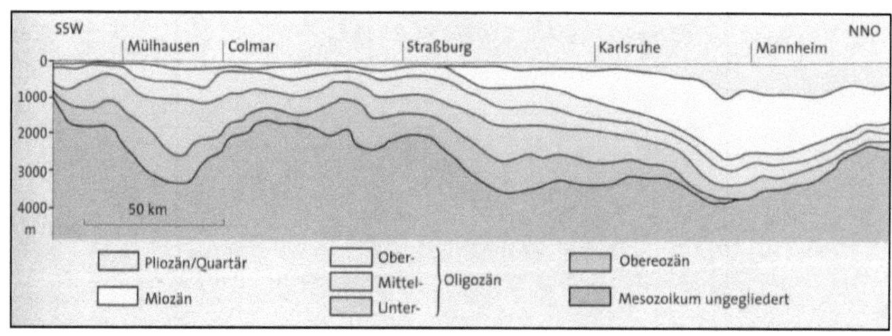

Abb. 12: Sedimentmächtigkeiten im Grabenverlauf

Quelle: Frisch & MESCHEDE 2007

Im Südteil des Grabens setzte die Hebung der Grabenschultern bereits im Eozän ein. Vor 40 Millionen Jahren gab es dort vor allem Gesteine des Oberjuras, welche die oberste Schicht der Sedimentauflage des Schwarzwalds und der Vogesen bildeten, und weniger Gesteine des Mittleren Juras. Das Meer überspülte im Obereozän für kurze Zeit den Grabenabschnitt im Süden und sorgte somit für erste Salzablagerungen. Es entstand auch bereits eine Sprunghöhe von ca. 1 km zwischen Einsenkung und Grabenschultern (ROTHE 2006; FRISCH & MESCHEDE 2007).

Später, im Unteroligozän, herrschten dann vorwiegend Schichten des Mittleren Juras vor, teilweise auch schon ältere Gesteine. Dies erklärt sich dadurch, dass die Erosion an den Grabenflanken langsam tiefer griff. Im Oligozän gab es eine zeitweise Meeresverbindung über den gesamten Grabenbereich, bis hin zu Niederrheinischen Bucht, was zu sehr einheitlichen marinen Sedimentablagerungen führte. Die Grabenaktivität und Absenkung des Grabens im südlichen Teil klingt im Oberoligozän langsam ab, während dagegen die Entwicklung im nördlichen Teil weiterhin fortschreitet (ROTHE 2006; FRISCH & MESCHEDE 2007).

„In der südlichen Hälfte des Oberrheingrabens, wo sich im Miozän der Vulkan des Kaiserstuhls bildete, fehlen jungtertiäre Schichten vollständig. Dies zeigt, dass sich die Absenkung nach einer Ruheperiode vom Südteil auf den Nordteil verlagert hatte, was sich in den unterschiedlichen Sedimentmächtigkeiten *[Abb. 12]* widerspiegelt (FRISCH & MESCHEDE 2007)."

Im Oberpliozän steigen die Grabenschultern im südlichen Teil langsam zu ihrer heutigen Höhe auf und es bildet sich allmählich das heutige Flussnetz mit dem Rhein als Hauptfluss aus. Dies führte zu Flussablagerungen, jedoch hauptsächlich im nördlichen Grabenabschnitt, was darauf hinweist, dass dort die Grabenaktivität weiter vorangeschritten ist (ROTHE 2006; FRISCH & MESCHEDE 2007).

Heute erreichen quartäre Sedimente bei Freiburg und Mannheim noch Mächtigkeiten von ca. 200m, was darauf hinweist, dass die Entwicklung des Oberrheingrabens, v.a. im nördlichen Abschnitt immer noch weiter voranschreitet (FRISCH & MESCHEDE 2007).

4.3 Tektonisches Spannungsfeld

In der Abbildung 13 kann man anhand der roten Pfeile die heute vorherrschenden Hauptdruckspannungen sehen. Die zwei kleineren Abbildungen daneben zeigen an, dass diese nicht immer so ausgerichtet waren.

Im frühen Tertiär war die Hauptdruckspannung noch senkrecht zu den Grabenschultern ausgerichtet und sorgte somit für ein Dehnungsregime und die Entstehung des Oberrheingrabens. Im späten Tertiär änderte sich die Hauptzugsspannungsrichtung dann, was zur Bildung der Niederrheinischen Bucht und einer linksseitigen Verschiebung im Oberrheingraben führte. Diese Rotation der Zug -und Spannungsrichtung könnte mit der Alpenorogenese zusammengehangen haben (EISENBACHER 1991).

Die heutigen Dehnungskräfte stehen somit schräg und nicht mehr senkrecht zur Grabenachse (FRISCH & MESCHEDE 2007).

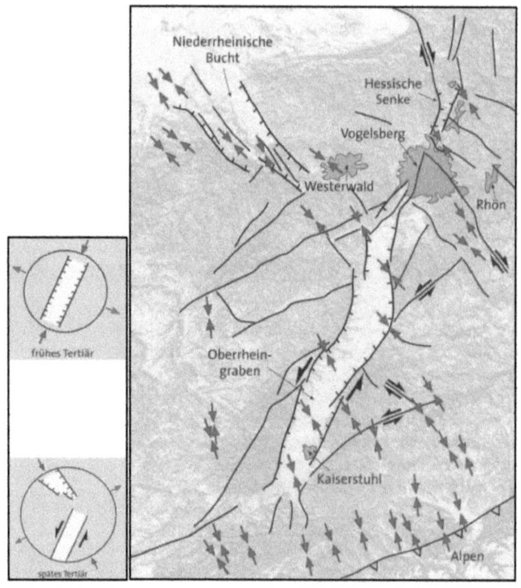

Abb. 13: Hauptdruckspannungsfeld

Quelle: FRISCH & MESCHEDE 2007

5. Fazit

Nachdem nun ein umfassender, jedoch nicht vollständiger Überblick der Entstehung, Entwicklung und des heutigen Zustandes des Oberrheingrabens gezeigt wurde, soll nun ein abschließendes Fazit folgen, welches die einzelnen erwähnten Gesichtspunkte miteinander vergleicht und vereint.

Zuerst soll noch einmal auf die Streitfrage eingegangen werden, ob der „Motor der Grabenentstehung" nun aktives oder doch passives Rifting gewesen ist. Wie in Kapitel 3.2 bereits erwähnt, sprechen für beide Varianten wissenschaftliche Thesen und Belege.

Die Theorie der aktiven Entstehungen sieht die Ursache der Grabenbildung im Erdmantel. Sie geht also davon aus, dass der Oberrheingraben ein Mittelozeanischer Rücken im Anfangsstadium ist (Phase 1 der Grabenentstehung, Kap. 3.1). Demnach würde in Westeuropa ein neuer Kontinent mit neuer Ozeanischer Kruste entstehen. Dafür sprechen geothermische Anomalien, wie sie auch in anderen Grabensystemen vorherrschen. Jedoch sind, dort wo heutzutage neue mittelozeanische Rücken entstehen, die Temperaturextreme und vulkanische Aktivitäten um ein vielfaches größer, als es beim Oberrheingraben der Fall ist. (EISENBACHER 1991; SCHWARZ 2005; FRISCH & MESCHEDE 2007)

Deshalb wird auch die Theorie der passiven Entstehung angenommen. Verantwortlich sei hiernach primär eine Aufwölbung des „Rheinischen Schildes" aufgrund des Südost-Nordwest gerichteten Spannungsfeldes. Der Graben ist am Punkt der Maximaldehnung bevorzugt an Hand von vorhandenen Schwächezonen (Kap. 4.1) eingebrochen und in der Folge wurden auch die Schichten des heutigen Schichtstufenlandes schiefgestellt. Als Ursache für diese Aufdomung wird die alpine Orogenese (Kap. 4.1) angenommen, also das Drücken der Adriatischen auf die Eurasische Platte, welches bis heute anhält. Bei dieser Theorie geht man also von Intraplattenspannungen aus, während die Hypothese des aktiven Rifting davon ausgeht, dass eine neue Platte entsteht! (EISENBACHER 1991; SCHWARZ 2005)

Laut EISENBACHER (1991) ist der Oberrheingraben, zumindest in seinem nördlichen Teil, ein stark asymmetrischer Grabenbruch (Kap. 3.3).

Wie bereits erwähnt, wurden aufgrund der Entstehung des Oberrheingrabens die vorher horizontal gelagerten, mesozoischen Schichten schiefgestellt (Kap 4.2). Dadurch konnte das süddeutsche Schichtstufenland entstehen, da die Schichten nun der Erosion ausgesetzt waren. Somit prägte die Grabenbildung den geomorphologischen Formenschatz und das Landschaftsbild Süddeutschlands sichtlich.

Weiterhin kann man erkennen, dass es im Süden und Norden des Oberrheingrabens eine zeitversetzte Entwicklung gegeben haben muss, v.a. anhand der Sedimentablagerungsschichten (Kap. 4.2).

Zusätzlich muss beachtet werden, dass die Umorientierung des Hauptspannungsfeldes (Kap. 4.3) dafür gesorgt hat, dass eine linksseitige Verschiebung der Grabenflanken eingesetzt hat, die bis heute anhält. Diese Rotation des Spannungsfeldes, wahrscheinlich durch die Alpenorogenese ausgelöst, hatte auch zur Folge, dass die Nordwestliche Fortsetzung des Oberrheingrabens, die Niederrheinische Bucht, entstehen konnte. Außerdem ist der Oberrheingraben über ein Störungssystem, in Form einer Transformstörung, mit seiner südwestlichen Fortsetzung, dem Bressegraben, verbunden (Kap. 2). Sowohl Niederrheinische Bucht als auch Bressegraben gehören zum Europäisch Känozoischen Grabensystem, welchem auch der Oberrheingraben angehört.

Somit lässt sich zusammenfassend sagen, dass der Oberrheingraben ein zentraler Teil eines großen Grabensystems ist, welches man in seiner Gänze betrachten muss, um den Entstehungsprozess des Oberrheingrabens nachvollziehen und erklären zu können.

Literaturverzeichnis

AHNERT, F. (2009): „Einführung in die Geomorphologie". 4. Auflage.

EBERLE et al. (2007): „Deutschlands Süden vom Erdmittelalter zur Gegenwart". 2.Auflage. Spektrum Verlag. Berlin

EISENBACHER, G. (1991) „ Einführung in die Tektonik". Ferdinand Enke Verlag. Stuttgart

FRISCH, W. & MESCHEDE, M. (2007): „Plattentektonik – Kontinentverschiebung und Gebirgsbildung". 2. Auflage. Wissenschaftliche Buchgesellschaft. Darmstadt.

ILLIES H. et al (1965): „Bauplan und Baugeschichte des Oberrheingrabens" IN: Oberrheinische Geologische Abhandlungen. Jahrgang 14, Heft 1/2. Karlsruhe.

PFLUG, R. (1982): „Bau und Entwicklung des Oberrheingrabens". Erträge der Forschung 184. Wissenschaftliche Buchgesellschaft. Darmstadt

RÖHR, C. (2010) – http://www.oberrheingraben.de (01.02.2011)

ROTHE, P. (2006): „Die Geologie Deutschlands – 48 Landschaften im Portrait". 2.Auflage. Wissenschaftliche Buchgesellschaft. Darmstadt

SCHWARZ, M. (2005): „Evolution und Struktur des Oberrheingrabens – quantitative Einblicke mit Hilfe dreidimensionaler thermomechanischer Modellrechnungen". Dissertation. Universität Freiburg.

WENDEL, M. (2011): „Von Basel bis Frankfurt – der Bauplan des Oberrheingrabens". http://www.geological.de/2011/01/oberrheingraben/. (12.02.2011)

ZEPP, H. (2003): „Geomorphologie" 2. Auflage. UTB Verlag. Bonn.